우리나라 수학과 교육과정에서 초등학교 수학 내용은 '수와 연산', '도형', '측정', '규칙성', '자료와 가능성'의 5개 영역으로 구성되는데, 우리가 이 교재에서 다룰 영역은 '규칙성'입니다.

수학은 전통적으로 수와 도형에 관한 학문으로 인식되어 왔지만, '패턴은 수학의 본질이며 수학을 표현하는 언어이다'라고 말한 수학자 Sandefur & Camp의 말에서 알 수 있듯이 패턴(규칙성)은 수학의 주제들을 연결하는 하나의 중요한 핵심 개념입니다.

생활 주변이나 여러 현상에서 찾을 수 있는 규칙 찾기나 두 양 사이의 대응 관계, 비와 비율 개념과 비례적 사고 개발 등의 규칙성과 관련된 수학적 내용들은 실생활의 복잡한 문제를 해결하는 데 매우 유용하며 다양한 현상 탐구와 함수 개념의 기초가 되고 추론 능력을 기르는 데에도 큰 도움이 됩니다.

그럼에도 규칙성은 학교교육에서 주어지는 학습량이 다른 영역에 비해 상대적으로 많이 부족한 것처럼 보입니다. 교육과정에서 규칙성을 독립 단원으로 많이 다루기보다는 특정 영역이 아닌 모든 영역에서 필요할 때 패턴을 녹여서 폭넓게 다루고 있기 때문입니다.

기탄영역별수학-규칙성편은 학교교육에서 상대적으로 부족해 보이는 규칙성 영역의 핵심적 내용들을 집중적으로 체계 있게 다루어 아이들이 규칙성이라는 수학적 탐구 방법을 통해 문제를 쉽게 해결하고 중등 상위 단계(함수 등)로 자연스럽게 개념을 연결할 수 있도록 구성하였습니다.

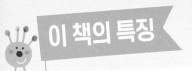

이 책의 특징

1

아이들이 학습하는 동안 자연스럽게 수학적 탐구 방법으로써의 패턴(규칙성)을 이해하고 발전시켜 나갈 수 있도록 구성하였습니다.

수학을 잘하기 위해서는 문제의 패턴을 찾는 능력이 매우 중요합니다.

그런데 이렇게 중요한 패턴 관련 학습이 앞에서 말한 것처럼 학교교육에서 상대적으로 부족해 보이는 이유는 초등수학 교과서에 독립된 규칙성 단원이 매우 적기 때문입니다. 현재 초등수학 교과서 총 71개 단원 중 규칙성을 독립적으로 다룬 단원은 6개 단원에 불과합니다. 규칙성을 독립 단원으로 다루기에는 패턴 관련 활동의 다양성이 부족하기도 하고, 또 규칙성이 수학적 주제라기보다 수학 활동의 과정에 가깝기 때문입니다.

그럼에도 불구하고 우리 아이들은 패턴을 충분히 다루어 보아야 합니다. 문제해결 과정에 가까운 패턴을 굳이 독립 단원으로도 다루었다는 건 그만큼 그 내용이 수학적 탐구 방법으로써 중요하고 다음 단계로 나아가기 위해 꼭 필요하기 때문입니다.

기탄영역별수학–규칙성편은 이 6개 단원의 패턴 관련 활동을 분석하여 아이들이 학습하는 동안 자연스럽게 수학적 탐구 방법으로써 규칙성을 발전시켜 나갈 수 있도록 구성하였습니다.

2

집중적이고 체계적인 패턴 학습을 통해 문제해결력과 수학적 추론 능력을 향상시켜 상위 단계(함수 등)나 다른 영역으로 연결하는 데 어려움이 없도록 구성하였습니다.

반복 패턴 □★□□★□□★□……에서 반복되는 부분이 □★□임을 찾아내면 20번째에는 어떤 모양이 올지 추론이 가능한 것처럼 패턴 학습을 할 때 먼저 패턴의 구조를 분석하는 활동은 매우 중요합니다.

또, □가 1, 2, 3, 4……로 변할 때, △는 2, 4, 6, 8……로 변한다면 △가 □의 2배임을 추론할 수 있는 것처럼 두 양 사이의 관계를 탐색하는 활동은 나중에 함수적 사고로 연결되는 중요한 활동입니다.

패턴 학습에는 수학 내용들과 연계되는 이런 중요한 활동들이 많이 필요합니다.

기탄영역별수학–규칙성편을 통해 이런 활동들을 집중적이고 체계적으로 학습해 나가는 동안 문제해결력과 추론 능력이 길러지고 함수 같은 상위 개념의 학습으로 아이가 가진 개념 맵(map)이 자연스럽게 확장될 수 있습니다.

이 책의 구성

본학습

제목을 통해 이번 차시에서 학습해야 할
내용이 무엇인지 짚어 보고, 그것을 익히기
위한 최적화된 연습문제를 반복해서
집중적으로 풀어 볼 수 있습니다.

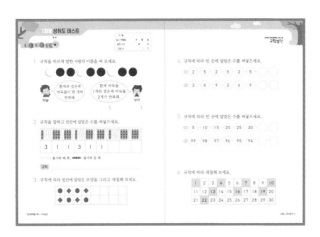

성취도 테스트

성취도 테스트는 본문에서 집중 연습한 내용을 최종적으로 한번 더 확인해 보는 문제들로 구성되어 있습니다.
성취도 테스트를 풀어 본 후, 결과표에 내가 맞은 문제인지 틀린 문제인지 체크를 해가며 각각의 문항을 통해
성취해야 할 학습목표와 학습내용을 짚어 보고, 성취된 부분과 부족한 부분이 무엇인지 확인합니다.

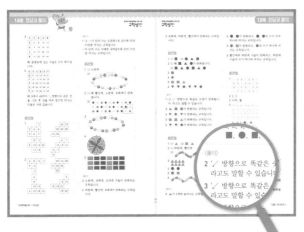

정답과 풀이

차시별 정답 확인 후 제시된 풀이를 통해
올바른 문제 풀이 방법을 확인합니다.

기탄 영역별수학
규칙성편

1과정
규칙 찾기(1)

차례

규칙을 찾아 말해 보기

🐟 규칙 찾기 ①

🐚 미술관 벽 그림에서 규칙을 찾아보세요.

1 어떤 규칙을 찾았는지 말해 보세요.

규칙 ⬜ 모양, ⬜ 모양이 반복됩니다.

2 규칙에 따라 ⬜ 안에 알맞은 모양을 찾아 ○표 하세요.

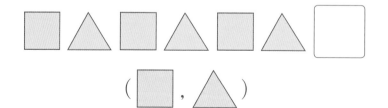

(⬜ , △)

🐚 꽃밭의 꽃에서 규칙을 찾아보세요.

3 어떤 규칙을 찾았는지 말해 보세요.

규칙 빨간색, 노란색, ☐ 꽃이 반복됩니다.

4 규칙에 따라 ☐ 안에 알맞은 꽃을 찾아 ○표 하세요.

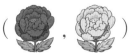

(,   )

규칙을 찾아 말해 보기

🐟 규칙 찾기 ②

🐚 규칙을 찾아 ☐ 안에 알맞은 말을 써넣으세요.

1　　벌　　　나비

규칙　벌, ☐가 반복됩니다.

2　　연필　　지우개

규칙　☐, 지우개가 반복됩니다.

3　　빨간색　　초록색

규칙　빨간색, ☐ 사과가 반복됩니다.

4

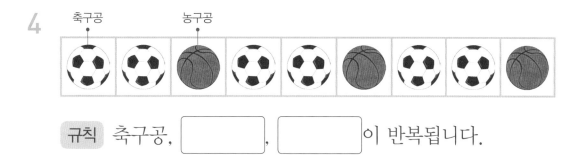

축구공   농구공

규칙 축구공, [   ], [   ]이 반복됩니다.

5

수박   귤

규칙 [   ], [   ], 귤이 반복됩니다.

6

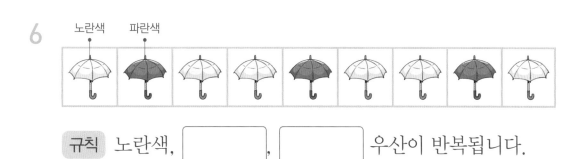

노란색   파란색

규칙 노란색, [   ], [   ] 우산이 반복됩니다.

규칙을 찾아 말해 보기

🐟 규칙에 따라 알맞은 그림 찾기

🐚 규칙에 따라 ☐ 안에 알맞은 그림을 찾아 ○표 하세요.

1

규칙은 반복되는 부분을
찾아 /으로 표시를 하면
쉽게 찾을 수 있어.
■●/■●/■●

2

3

(,)

4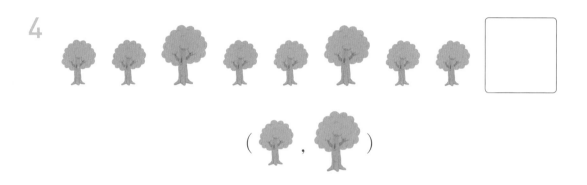

(🌳 , 🌳)

5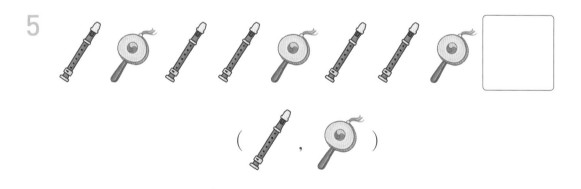

(🎵 , 🔔)

6

(🌹 , 🌼)

규칙을 찾아 말해 보기

🐟 규칙에 따라 알맞은 모양 그리고 색칠하기

🐚 규칙에 따라 빈칸에 알맞은 모양을 그리고 색칠해 보세요.

1

2

3

4

5

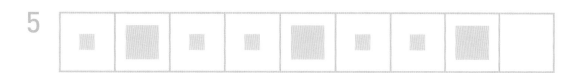

6

7

8

규칙을 찾아 말해 보기

이름	
날짜	월 일
시간	: ~ :

🐟 규칙에 따라 그리거나 색칠하고 규칙 말하기

🐚 규칙에 따라 알맞게 그리거나 색칠하고 규칙을 말해 보세요.

1 큰 별   작은 별

★ ★ ★ ★ ★ ★

규칙 _____

2

규칙 _____

3 빨간색   노란색

규칙 _____

기탄영역별수학 | 규칙성편

영역별 반복집중학습 프로그램
규칙성편

4 해 달

규칙 _____

5

규칙 _____

6 노란색   분홍색

규칙 _____

규칙을 찾아 여러 가지 방법으로 나타내어 보기

이름		
날짜	월	일
시간	:	~ :

🐟 규칙에 따라 여러 가지 방법으로 나타내기

🐚 규칙에 따라 여러 가지 방법으로 나타내려고 합니다. 물음에 답하세요.

닭   사자

1 어떤 규칙을 찾았는지 말해 보세요.

규칙 ☐ , ☐ 가 반복됩니다.

2 규칙에 따라 ☐와 ◯로 나타내어 보세요.

🐔	🦁	🐔	🦁	🐔	🦁	🐔	🦁
☐	◯	☐	◯				

3 규칙에 따라 빈칸에 알맞은 수를 써넣으세요.

🐔	🦁	🐔	🦁	🐔	🦁	🐔	🦁
2	4	2	4				

규칙에 따라 여러 가지 방법으로 나타내려고 합니다. 물음에 답하세요.

4 어떤 규칙을 찾았는지 말해 보세요.

규칙 펼친 손가락이 Ⅰ개, ☐개, ☐개가 반복됩니다.

5 규칙에 따라 ◯와 △로 나타내어 보세요.

◯	◯	△						

6 규칙에 따라 빈칸에 알맞은 수를 써넣으세요.

Ⅰ	Ⅰ	2						

7a

규칙을 찾아 여러 가지 방법으로 나타내어 보기

이름	
날짜	월 일
시간	: ~ :

🐟 규칙에 따라 모양이나 수로 나타내기

🐚 규칙에 따라 빈칸에 알맞은 모양이나 수를 써넣으세요.

1

○	△	○	△				

2

♡	○						

3

4	2	4	2				

4

□	□	○	□	□	○			

5

△	□	□						

6

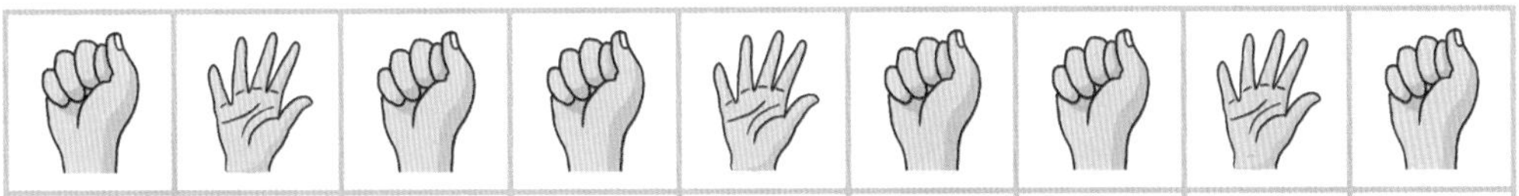

0	5	0						

규칙을 찾아 여러 가지 방법으로 나타내어 보기

이름		
날짜	월	일
시간	: ~ :	

규칙을 찾아 문제 해결하기 ①

1 그림을 보고 물음에 답하세요.

🚲 : 세발자전거   🚲 : 두발자전거

(1) 어떤 규칙을 찾았는지 말해 보세요.

　규칙 _____

(2) 규칙에 따라 ㉠, ㉡에 들어갈 자전거의 이름을 각각 써 보세요.

　　㉠ (　　　　　　　　), ㉡ (　　　　　　　　)

(3) 규칙에 따라 ㉠, ㉡에 들어갈 자전거의 바퀴는 모두 몇 개일까요?

　　　　　　　　　　　　　　　(　　　　　　　)개

2 규칙에 따라 빈칸에 들어갈 동물의 다리는 모두 몇 개일까요?

　　　　　　　　　　　　　　　(　　　　　　　)개

3 그림을 보고 물음에 답하세요.

: 고래   : 거북

(1) 어떤 규칙을 찾았는지 말해 보세요.

규칙 _____

(2) 규칙에 따라 ㉠, ㉡에 들어갈 동물의 이름을 각각 써 보세요.

㉠ (   ), ㉡ (   )

(3) 규칙에 따라 ㉠, ㉡에 들어갈 동물의 다리는 모두 몇 개일까요?

(   )개

4 규칙에 따라 빈칸에 들어갈 펼친 손가락은 모두 몇 개일까요?

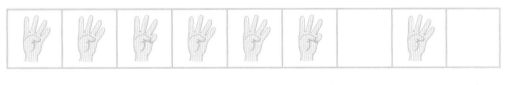

(   )개

규칙을 찾아 여러 가지 방법으로 나타내어 보기

규칙을 찾아 문제 해결하기 ②

1 규칙에 따라 알맞게 색칠하고 수를 써넣으세요.

l	2	l	2		2		

2 규칙에 따라 빈칸에 알맞은 모양을 그리고 색칠한 다음, 수를 써넣으세요.

▲	■	▲	▲	■	▲			▲
3	4	3	3	4			4	

3 규칙에 따라 빈칸에 알맞은 주사위를 그리고 수를 써넣으세요.

l	3	3	l		3		3

4 규칙을 말하고 규칙에 따라 ○ 안에 알맞은 글자를 써넣으세요.

	짝		짝		◯
쿵	쿵	쿵	쿵	◯	◯

규칙 _____

5 규칙을 말하고 규칙에 따라 빈칸에 알맞은 글자를 써넣으세요.

짝	짝	쿵						

규칙 _____

규칙을 만들어 무늬 꾸며 보기

이름	
날짜	월 일
시간	: ~ :

🐟 규칙에 따라 색칠하기 ①

1 규칙에 따라 색칠하려고 합니다. 물음에 답하세요.

초록색 노란색

(1) 어떤 규칙을 찾았는지 말해 보세요.

규칙 초록색, ☐ 이 반복됩니다.

(2) 규칙에 따라 빈칸에 알맞게 색칠해 보세요.

2 규칙에 따라 색칠하려고 합니다. 물음에 답하세요.

노란색 주황색

(1) 어떤 규칙을 찾았는지 말해 보세요.

규칙 첫째 줄은 노란색, ☐ 이 반복되고,

둘째 줄은 주황색, ☐ 이 반복됩니다.

(2) 규칙에 따라 빈칸에 알맞게 색칠해 보세요.

3 규칙에 따라 색칠하려고 합니다. 물음에 답하세요.

보라색 파란색

(1) 어떤 규칙을 찾았는지 말해 보세요.

규칙 [　　　　], 파란색, [　　　　]이 반복됩니다.

(2) 규칙에 따라 빈칸에 알맞게 색칠해 보세요.

4 규칙에 따라 색칠하려고 합니다. 물음에 답하세요.

초록색 분홍색

(1) 어떤 규칙을 찾았는지 말해 보세요.

규칙 첫째 줄은 [　　　　], 분홍색, [　　　　]이 반복되고,

둘째 줄은 [　　　　], 초록색, [　　　　]이 반복됩니다.

(2) 규칙에 따라 빈칸에 알맞게 색칠해 보세요.

규칙을 만들어 무늬 꾸며 보기

이름		
날짜	월	일
시간	: ~ :	

🐟 규칙에 따라 색칠하기 ②

🐚 규칙에 따라 빈칸에 알맞게 색칠해 보세요.

1

2

3

4

5

6

7

규칙을 만들어 무늬 꾸며 보기

🐟 규칙에 따라 모양 그리고 색칠하기

🐚 규칙에 따라 빈칸에 알맞은 모양을 그리고 색칠해 보세요.

1

2

3

4

5

	▶		▶		▶		
◆		◆		◆			
	▶		▶		▶		

6

●			●			●		
	★	★		★	★			
●			●			●		

7

♥	♥		♥	♥		♥		
		▲			▲			
♥	♥		♥	♥		♥		

규칙을 만들어 무늬 꾸며 보기

🐟 찾은 규칙에 따라 색칠하기

🐚 보기 에서 찾은 규칙에 따라 색칠해 보세요.

1

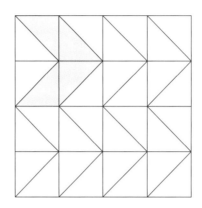

2

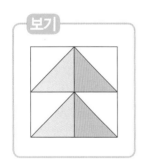

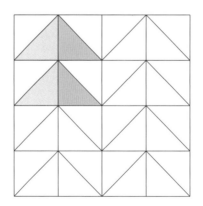

3

보기

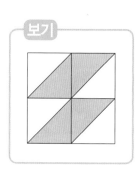

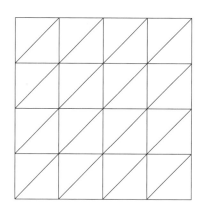

4

보기

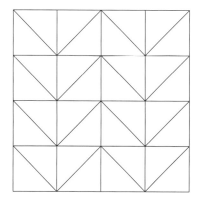

수 배열에서 규칙 찾아보기

이름

날짜   월   일

시간   :   ~   :

🐟 수 배열에서 규칙을 찾아 수 써넣기

1 난쟁이들이 들고 있는 풍선에 써 있는 수를 보고 물음에 답하세요.

첫째

(1) 어떤 규칙을 찾았는지 말해 보세요.

　규칙　 1, ☐ 이 반복됩니다.

(2) 규칙에 따라 일곱째 난쟁이가 들고 있는 풍선에 알맞은 수를 써넣으세요.

2 우주선에 써 있는 수를 보고 물음에 답하세요.

첫째

(1) 어떤 규칙을 찾았는지 말해 보세요.

　규칙　 ☐, 5, ☐ 가 반복됩니다.

(2) 규칙에 따라 일곱째 우주선에 알맞은 수를 써넣으세요.

3 동물들이 타고 있는 열차에 써 있는 수를 보고 물음에 답하세요.

첫째

(1) 어떤 규칙을 찾았는지 말해 보세요.

규칙 10부터 시작하여 ☐ 씩 커집니다.

(2) 규칙에 따라 여섯째 열차에 알맞은 수를 써넣으세요.

4 잠수함에 써 있는 수를 보고 물음에 답하세요.

첫째

(1) 어떤 규칙을 찾았는지 말해 보세요.

규칙 10부터 시작하여 ☐ 씩 작아집니다.

(2) 규칙에 따라 다섯째 잠수함에 알맞은 수를 써넣으세요.

수 배열에서 규칙 찾아보기

이름		
날짜	월	일
시간	:	~ :

🐟 수 배열에서 규칙 찾기

🐚 수 배열에서 규칙을 찾아 ☐ 안에 알맞은 수를 써넣으세요.

1

규칙 3, ☐ 가 반복됩니다.

2
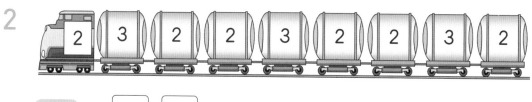

규칙 2, ☐, ☐ 가 반복됩니다.

3
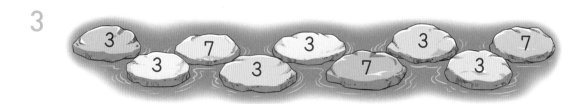

규칙 ☐, 3, ☐ 이 반복됩니다.

4

규칙 **l**부터 시작하여 ☐ 씩 커집니다.

5

규칙 **20**부터 시작하여 ☐ 씩 커집니다.

6

규칙 **30**부터 시작하여 ☐ 씩 작아집니다.

수 배열에서 규칙 찾아보기

이름

날짜 　 월 　 일

시간 　 : ～ :

🐟 규칙에 따라 수 써넣기

🐚 규칙에 따라 빈 곳에 알맞은 수를 써넣으세요.

1

2

3

4

영역별 반복집중학습 프로그램
규칙성편

5

6

7

8

수 배열에서 규칙 찾아보기

이름		
날짜	월	일
시간	: ~ :

🐟 **규칙에 맞게 수 배열하기**

🐚 규칙에 맞게 빈 곳에 알맞은 수를 써넣으세요.

1 5, 10이 반복되는 규칙

2 1, 11이 반복되는 규칙

3 4, 8, 4가 반복되는 규칙

4 5, 5, 10이 반복되는 규칙

5 1부터 시작하여 3씩 커지는 규칙

6 50부터 시작하여 2씩 커지는 규칙

7 20부터 시작하여 1씩 작아지는 규칙

8 100부터 시작하여 10씩 작아지는 규칙

수 배열표에서 규칙 찾아보기

이름		
날짜	월	일
시간	: ~	:

🐟 **수 배열표에서 규칙 찾기 ①**

🐚 수 배열표를 보고 물음에 답하세요.

1	2	3	4	5	6	7	8	9	10
11	12	13	14	15	16	17	18	19	20
21	22	23	24	25	26	27	28	29	30
31	32	33	34	35	36	37	38	39	40
41	42	43	44	45	46	47	48	49	50
51	52	53	54	55	56	57	58	59	60
61	62	63	64	65	66	67	68	69	70
71	72	73	74	75	76	77	78	79	80
81	82	83	84	85	86	87	88	89	90
91	92	93	94	95	96	97	98	99	100

1 ·····에 있는 수에는 어떤 규칙이 있는지 말해 보세요.

규칙 51부터 시작하여 [   ]까지 [   ]씩 커집니다.

2 ·····에 있는 수에는 어떤 규칙이 있는지 말해 보세요.

규칙 _____

🐚 수 배열표를 보고 물음에 답하세요.

1	2	3	4	5	6	7	8	9	10
11	12	13	14	15	16	17	18	19	20
21	22	23	24	25	26	27	28	29	30
31	32	33	34	35	36	37	38	39	40
41	42	43	44	45	46	47	48	49	50
51	52	53	54	55	56	57	58	59	60
61	62	63	64	65	66	67	68	69	70
71	72	73	74	75	76	77	78	79	80
81	82	83	84	85	86	87	88	89	90
91	92	93	94	95	96	97	98	99	100

3 ·····에 있는 수에는 어떤 규칙이 있는지 말해 보세요.

규칙   10부터 시작하여 [   ]까지 [   ]씩 커집니다.

4 ·····에 있는 수에는 어떤 규칙이 있는지 말해 보세요.

규칙   _____

수 배열표에서 규칙 찾아보기

이름		
날짜	월	일
시간	: ~ :	

🐟 **수 배열표에서 규칙 찾기 ②**

🐚 색칠한 수에 있는 규칙을 말해 보세요.

1

1	2	3	4	5	6	7	8	9	10
11	12	13	14	15	16	17	18	19	20
21	22	23	24	25	26	27	28	29	30

규칙 2부터 시작하여 ☐ 씩 커집니다.

2

41	42	43	44	45	46	47	48	49	50
51	52	53	54	55	56	57	58	59	60
61	62	63	64	65	66	67	68	69	70

규칙 41부터 시작하여 ☐ 씩 커집니다.

영역별 반복집중학습 프로그램
규칙성편

규칙에 따라 색칠해 보세요.

3

11	12	13	14	15	16	17	18	19	20
21	22	23	24	25	26	27	28	29	30
31	32	33	34	35	36	37	38	39	40

4

31	32	33	34	35	36	37	38	39	40
41	42	43	44	45	46	47	48	49	50
51	52	53	54	55	56	57	58	59	60

5

71	72	73	74	75	76	77	78	79	80
81	82	83	84	85	86	87	88	89	90
91	92	93	94	95	96	97	98	99	100

수 배열표에서 규칙 찾아보기

🐟 수 배열표에서 규칙 찾기 ③

🐚 규칙에 따라 색칠하고 색칠한 수에 있는 규칙을 말해 보세요.

1

21	22	23	24	25	26	27	28	29	30
31	32	33	34	35	36	37	38	39	40
41	42	43	44	45	46	47	48	49	50

규칙 _____

2

61	62	63	64	65	66	67	68	69	70
71	72	73	74	75	76	77	78	79	80
81	82	83	84	85	86	87	88	89	90
91	92	93	94	95	96	97	98	99	100

규칙 _____

3

51	52	53	54	55	56	57	58	59	60
61	62	63	64	65	66	67	68	69	70
71	72	73	74	75	76	77	78	79	80

규칙 _____

4

11	12	13	14	15	16	17	18	19	20
21	22	23	24	25	26	27	28	29	30
31	32	33	34	35	36	37	38	39	40
41	42	43	44	45	46	47	48	49	50

규칙 _____

덧셈표에서 규칙 찾아보기

이름

날짜 　 월 　 일

시간 　 : ～ :

🐟 **덧셈표에서 규칙 찾기 ①**

🐚 덧셈표를 보고 물음에 답하세요.

+	0	1	2	3	4	5	6	7	8	9
0	0	1	2	3	4	5	6	7	8	9
1	1	2	3	4	5	6	7	8	9	10
2	2	3	4	5	6	7	8	9	10	11
3	3	4	5	6	7	8	9	10	11	12
4	4	5	6	7	8	9	10	11	12	13
5	5	6	7	8	9	10	11	12	13	14
6	6	7	8	9	10	11	12	13	14	15
7	7	8	9	10	11	12	13	14	15	16
8	8	9	10	11	12	13	14	15	16	17
9	9	10	11	12	13	14	15	16	17	18

1 ━━으로 칠해진 수에는 어떤 규칙이 있는지 말해 보세요.

규칙 아래로 내려갈수록 ☐씩 커집니다.

2 ━━으로 칠해진 수에는 어떤 규칙이 있는지 말해 보세요.

규칙 오른쪽으로 갈수록 ☐씩 커집니다.

🐚 덧셈표를 보고 물음에 답하세요.

+	0	1	2	3	4	5	6	7	8	9
0	0	1	2	3	4	5	6	7	8	9
1	1	2	3	4	5	6	7	8	9	10
2	2	3	4	5	6	7	8	9	10	11
3	3	4	5	6	7	8	9	10	11	12
4	4	5	6	7	8	9	10	11	12	13
5	5	6	7	8	9	10	11	12	13	14
6	6	7	8	9	10	11	12	13	14	15
7	7	8	9	10	11	12	13	14	15	16
8	8	9	10	11	12	13	14	15	16	17
9	9	10	11	12	13	14	15	16	17	18

3 ▬▬으로 칠해진 수에는 어떤 규칙이 있는지 말해 보세요.

규칙 ↙ 방향으로 (같은 , 다른) 수들이 있습니다.

4 ▬▬으로 칠해진 수에는 어떤 규칙이 있는지 말해 보세요.

규칙 ↘ 방향으로 갈수록 ☐ 씩 커집니다.

덧셈표에서 규칙 찾아보기

이름

날짜   월   일

시간   : ~ :

🐟 덧셈표에서 규칙 찾기 ②

🐚 덧셈표를 보고 물음에 답하세요.

+	0	1	2	3	4	5	6
0	0	1	2	3	4	5	6
1	1	2	3	4	5	6	7
2	2	3	4	5	6	7	8
3	3	4	5	6	7	8	9
4	4	5	6	7	8	9	
5	5	6	7	8	9		
6	6	7	8	9			

1 빈칸에 알맞은 수를 써넣으세요.

2 ▬▬으로 칠해진 수에는 어떤 규칙이 있는지 말해 보세요.

규칙 _____

3 ▬▬으로 칠해진 수에는 어떤 규칙이 있는지 말해 보세요.

규칙 _____

🐚 덧셈표를 보고 물음에 답하세요.

+	0	1	2	3	4	5	6
0	0	1	2	3	4	5	6
1	1	2	3	4	5	6	7
2	2	3	4	5	6	7	8
3	3	4	5	6	7	8	9
4			7	8	9	10
5			7	8	9	10	11
6		7	8	9	10	11	12

4 빈칸에 알맞은 수를 써넣으세요.

5 으로 칠해진 수에는 어떤 규칙이 있는지 말해 보세요.

규칙 _____

6 ▬▬▬으로 칠해진 수에는 어떤 규칙이 있는지 말해 보세요.

규칙 _____

덧셈표에서 규칙 찾아보기

이름
날짜   월   일
시간   : ~ :

🐟 덧셈표에서 규칙 찾기 ③

🐚 덧셈표를 완성하고 규칙을 찾아 써 보세요.

1

+	2	3	4	5	6
1	3	4	5	6	7
2	4	5	6	7	
3	5	6	7		
4	6	7			
5	7				

규칙 _____

2

+	1	3	5	7	9
1					10
3				10	12
5			10	12	14
7		10	12	14	16
9	10	12	14	16	18

규칙 _____

3

+	3		5		7
	5	6	7	8	9
3	6	7		9	10
	7	8	9	10	11
5	8	9		11	12
	9		11		13

규칙 _____

4

+	2		6		10
	4	6	8	10	12
4	6		10		14
	8	10		14	16
8	10		14		18
	12	14	16	18	20

규칙 _____

덧셈표에서 규칙 찾아보기

이름	
날짜	월 일
시간	: ~ :

덧셈표에서 규칙 찾기 ④

덧셈표에서 규칙을 찾아 빈칸에 알맞은 수를 써넣으세요.

1

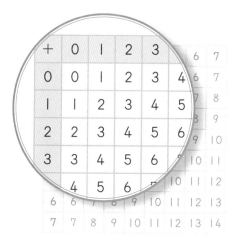

+	0	1	2	3		6	7
0	0	1	2	3	4	6	7
1	1	2	3	4	5		8
2	2	3	4	5	6		9	10
3	3	4	5	6		10	11
	4	5	6	10	11	12
	6	7	9	10	11	12	13
7	7	8	9	10	11	12	13	14

	5	6	
5	6		

	9		
	10		12
		12	13

	7	8
		9

	8	9	
	9	10	

2

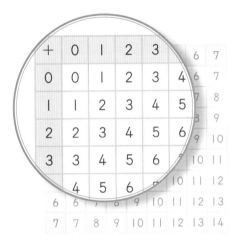

+	0	1	2	3		6	7
0	0	1	2	3	4	6	7
1	1	2	3	4	5		8
2	2	3	4	5	6	9	
3	3	4	5	6		10	11
	4	5	6		10	11	12
6	6			9	10	11	12	13
7	7	8	9	10	11	12	13	14

9	10	
10	11	

		14	
	14	15	

12	13	
	13	
		15

	16	17	
	16		18

곱셈표에서 규칙 찾아보기

곱셈표에서 규칙 찾기 ①

곱셈표를 보고 물음에 답하세요.

×	1	2	3	4	5	6	7	8	9
1	1	2	3	4	5	6	7	8	9
2	2	4	6	8	10	12	14	16	18
3	3	6	9	12	15	18	21	24	27
4	4	8	12	16	20	24	28	32	36
5	5	10	15	20	25	30	35	40	45
6	6	12	18	24	30	36	42	48	54
7	7	14	21	28	35	42	49	56	63
8	8	16	24	32	40	48	56	64	72
9	9	18	27	36	45	54	63	72	81

1 ▬▬으로 칠해진 수에는 어떤 규칙이 있는지 말해 보세요.

규칙 오른쪽으로 갈수록 ☐ 씩 커집니다.

2 ▬▬으로 칠해진 수에는 어떤 규칙이 있는지 말해 보세요.

규칙 아래로 내려갈수록 ☐ 씩 커집니다.

곱셈표를 보고 물음에 답하세요.

×	1	2	3	4	5	6	7	8	9
1	1	2	3	4	5	6	7	8	9
2	2	4	6	8	10	12	14	16	18
3	3	6	9	12	15	18	21	24	27
4	4	8	12	16	20	24	28	32	36
5	5	10	15	20	25	30	35	40	45
6	6	12	18	24	30	36	42	48	54
7	7	14	21	28	35	42	49	56	63
8	8	16	24	32	40	48	56	64	72
9	9	18	27	36	45	54	63	72	81

3 ▬▬으로 칠해진 수에는 어떤 규칙이 있는지 말해 보세요.

규칙 일의 자리 숫자가 ☐와 ☐이 반복됩니다.

4 곱셈표를 빨간색 점선을 따라 접었을 때 만나는 수는 서로 어떤 관계일까요?

관계 만나는 수들은 서로 (같습니다 , 다릅니다).

곱셈표에서 규칙 찾아보기

이름		
날짜	월	일
시간	: ~	:

🐟 곱셈표에서 규칙 찾기 ②

🐚 곱셈표를 보고 물음에 답하세요.

×	1	2	3	4	5	6
1	1	2	3	4	5	6
2	2	4	6	8	10	12
3	3	6	9	12	15	18
4		8	12	16	20	24
5			15	20	25	30
6				24	30	36

1 빈칸에 알맞은 수를 써넣으세요.

2 ▬▬으로 칠해진 수에는 어떤 규칙이 있는지 말해 보세요.

  규칙 _____

3 ▬▬으로 칠해진 수에는 어떤 규칙이 있는지 말해 보세요.

  규칙 _____

🐚 곱셈표를 보고 물음에 답하세요.

×	1	2	3	4	5	6
1	1	2	3	4	5	6
2	2	4	6	8	10	12
3	3	6	9	12	15	18
4	4	8	12	16		24
5	5		15	20	25	
6		12	18	24		36

4 빈칸에 알맞은 수를 써넣으세요.

5 ▬▬으로 칠해진 곳과 규칙이 같은 곳을 찾아 색칠해 보세요.

6 ▬▬으로 칠해진 수에는 어떤 규칙이 있는지 여러 가지로 말해 보세요.

규칙 아래로 내려갈수록 [ ]씩 커집니다.

모두 (홀수 , 짝수)입니다.

곱셈표에서 규칙 찾아보기

이름

날짜　　월　　일

시간　　：　~　：

🐟 곱셈표에서 규칙 찾기 ③

🐚 곱셈표를 완성하고 규칙을 찾아 써 보세요.

1

×	2	3	4	5
2				10
3			12	15
4		12	16	20
5	10	15	20	25

규칙 _____

2

×	1	3	5	7	9
1	1	3	5	7	9
3	3	9	15	21	
5	5	15	25		
7	7	21			
9	9				

규칙 _____

3

×		4		8
2	4	8	12	16
4		16		
	12		36	
8		32		64

규칙 _____

4

×			5		7
3	9	12	15	18	21
	12		24		
	15	20			35
	18	24		36	
7	21		35		49

규칙 _____

곱셈표에서 규칙 찾아보기

<table>
<tr><td>이름</td><td colspan="2"></td></tr>
<tr><td>날짜</td><td>월</td><td>일</td></tr>
<tr><td>시간</td><td colspan="2">: ~ :</td></tr>
</table>

🐟 곱셈표에서 규칙 찾기 ④

🐚 곱셈표에서 규칙을 찾아 빈칸에 알맞은 수를 써넣으세요.

1

×	1	2	3	4		7	8
1	1	2	3	4	5	7	8
2	2	4	6	8	10	4	16
3	3	6	9	12	15	1	24
4	4	8	12	16	20	28	32
	5	10	15	20		35	40
	5	10	15	20	36	42	48
7	7	14	21	28	35	42	49	56
8	8	16	24	32	40	48	56	64

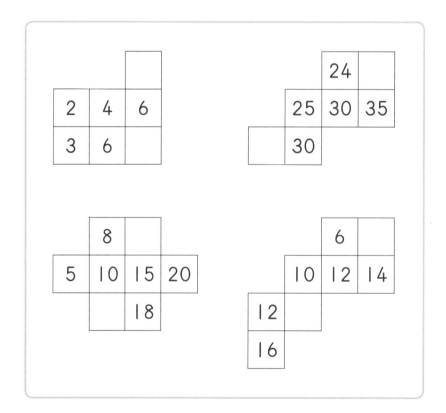

영역별 반복집중학습 프로그램
규칙성편

2

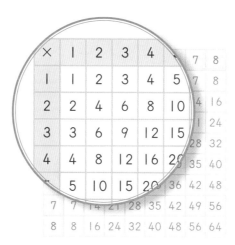

×	1	2	3	4	5	6	7	8
1	1	2	3	4	5		7	8
2	2	4	6	8	10		16
3	3	6	9	12	15		24
4	4	8	12	16	20	28	32
	5	10	15	20	36	42	48	35	40
7	7	14	21	28	35	42	49	56
8	8	16	24	32	40	48	56	64

6	8	10	
9	12		

	20		28
	25	30	
	30		

	6	
	8	
10	15	
12	18	

		14	16
15	18	21	
			32

무늬에서 규칙 찾아보기

🐟 색깔이 변하는 규칙 찾기

1 그림을 보고 물음에 답하세요.

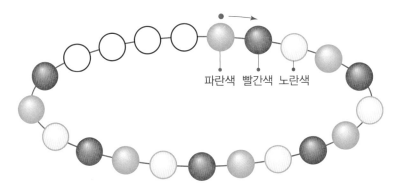

파란색 빨간색 노란색

(1) 찾을 수 있는 규칙을 말해 보세요.

규칙 파란색, 빨간색, [　　　　] 구슬이 반복됩니다.

(2) 규칙을 찾아 ○ 안에 알맞게 색칠해 보세요.

2 모양을 보고 물음에 답하세요.

빨간색 노란색 초록색

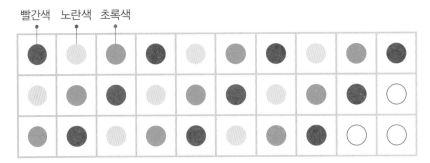

(1) 찾을 수 있는 규칙을 말해 보세요.

규칙 _____

(2) 규칙을 찾아 ○ 안에 알맞게 색칠해 보세요.

영역별 반복집중학습 프로그램
규칙성편

🐚 규칙을 찾아 알맞게 색칠해 보세요.

3

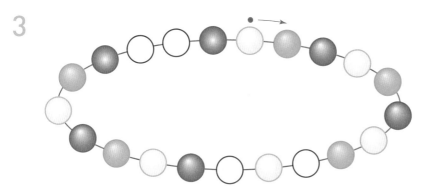

4

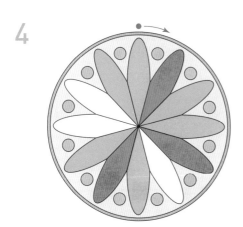

5

무늬에서 규칙 찾아보기

🐟 모양이 변하는 규칙 찾기

1 모양을 보고 물음에 답하세요.

●	▲	■	●	▲	■	●
▲	■	●	▲	■	●	▲
■	●	▲	■			

(1) 찾을 수 있는 규칙을 말해 보세요.

규칙 ●, ▲, ☐ 가 반복됩니다.

(2) 빈칸에 알맞은 모양을 그리고 색칠해 보세요.

2 모양을 보고 물음에 답하세요.

■	▲	●	■	▲	●	■
▲	●	■	▲	●	■	▲
●						

(1) 찾을 수 있는 규칙을 말해 보세요.

규칙 _____

(2) 빈칸에 알맞은 모양을 그리고 색칠해 보세요.

영역별 반복집중학습 프로그램
규칙성편

🐚 규칙을 찾아 빈칸에 알맞은 모양을 그리고 색칠해 보세요.

3

4 ♥ ◆ ▼ ♥ ◆ ▼ ♥ ◆ ▼ ♥ ☐ ▼

5

●	■	▲	●	■	▲	●
■	▲	●	■	▲	●	■
▲	●	■	▲			

6

▼	♥	◆	▼	♥	◆	▼
♥	◆	▼	♥	◆	▼	♥
◆						

무늬에서 규칙 찾아보기

이름	
날짜	월 일
시간	: ~ :

🐟 하나씩 늘어나는 규칙 찾기

1 모양을 보고 물음에 답하세요.

(1) 찾을 수 있는 규칙을 말해 보세요.

규칙 ■, ▲가 반복되고, ⬜의 수가 하나씩 커집니다.

(2) 규칙을 찾아 ⬜ 안에 알맞은 모양을 그리고 색칠해 보세요.

2 그림을 보고 물음에 답하세요.

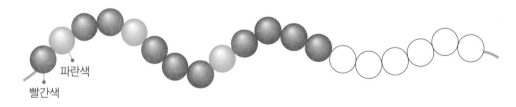

파란색
빨간색

(1) 찾을 수 있는 규칙을 말해 보세요.

규칙 빨간색과 [   ] 구슬이 반복되고, [   ]
구슬의 수가 하나씩 커집니다.

(2) 규칙을 찾아 ○ 안에 알맞게 색칠해 보세요.

영역별 반복집중학습 프로그램
규칙성편

[3~5] 규칙을 찾아 ⬜ 안에 알맞은 모양을 그리고 색칠해 보세요.

3

4

5

6 규칙을 찾아 ○ 안에 알맞게 색칠해 보세요.

무늬에서 규칙 찾아보기

이름

날짜   월   일

시간   : ~ :

🐟 무늬를 숫자로 나타내고 규칙 찾기

[1~3] 무늬를 보고 물음에 답하세요.

꽃   나비   벌

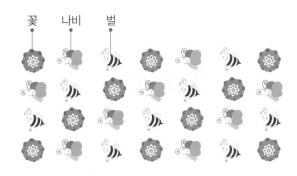

1 ✿은 1, 🐝는 2, 🐝은 3으로 바꾸어 나타내어 보세요.

1	2	3	1	2	3	1
2						

2 1번의 표에서 찾을 수 있는 규칙을 말해 보세요.

규칙 1, [   ], [   ]이 반복됩니다.

3 무늬에서 찾을 수 있는 규칙을 말해 보세요.

규칙 꽃, [   ], [   ]이 반복됩니다.

4 ★은 ㄱ, ★은 ㄴ, ★은 ㄷ으로 바꾸어 나타내고, 표와 무늬에서 찾을 수 있는 규칙을 말해 보세요.

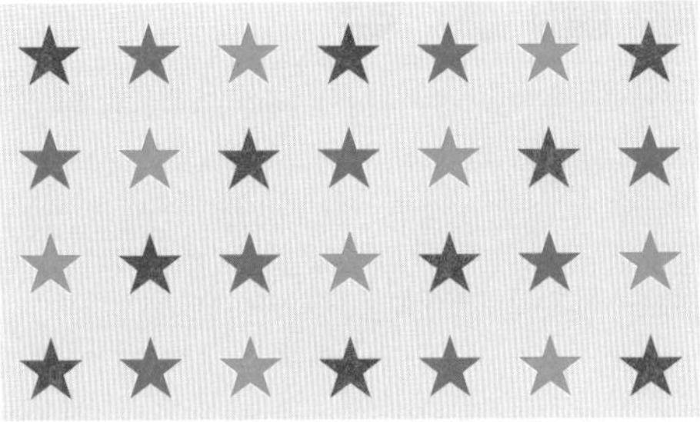

ㄱ	ㄴ	ㄷ	ㄱ	ㄴ	ㄷ	ㄱ
ㄴ						

규칙 표에서 ㄱ, ☐, ☐이 반복됩니다.

무늬에서 ★, ☐, ☐이 반복됩니다.

5 ■는 1, ●는 2, ▲는 3으로 바꾸어 나타내고, 표와 무늬에서 찾을 수 있는 규칙을 말해 보세요.

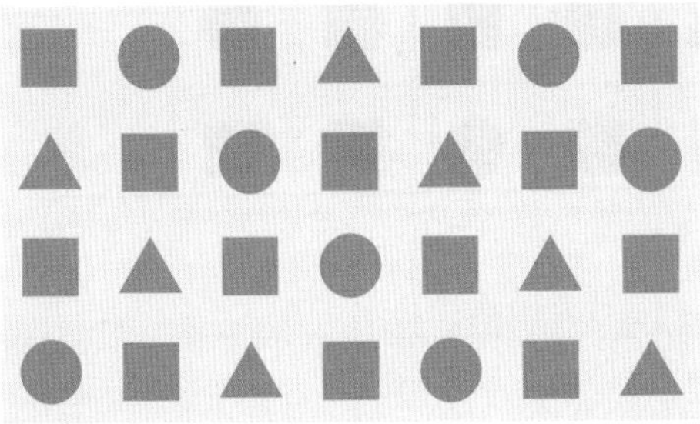

1	2	1	3	1	2	1
3						

규칙 표: ______________________

무늬: ______________________

무늬에서 규칙 찾아보기

🐟 모양과 색깔이 모두 변하는 규칙 찾기

1 모양을 보고 물음에 답하세요.

(1) 찾을 수 있는 규칙을 말해 보세요.

규칙 ◯, ▢, [ ]가 반복되고, 파란색과 [   ]이 반복됩니다.

(2) 규칙을 찾아 ▢ 안에 알맞은 모양을 그리고 색칠해 보세요.

2 모양을 보고 물음에 답하세요.

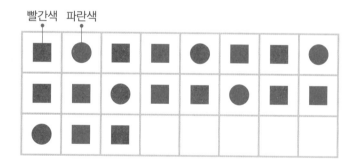

(1) 찾을 수 있는 규칙을 말해 보세요.

규칙 _____

(2) 규칙을 찾아 빈칸에 알맞은 모양을 그리고 색칠해 보세요.

[3~5] 규칙을 찾아 빈칸에 알맞은 모양을 그리고 색칠해 보세요.

3  ▲ ■ ● ▲ ■ ● ▲ ■ ● ▲ ■ ☐ ☐

4  ● ● ◆ ● ● ◆ ● ● ◆ ● ● ☐ ☐

5

■	▲	▲	■	▲	▲	■	
▲	■	▲	▲	■	▲		■
▲	▲	■	▲			▲	▲

6 한글 무늬 타일을 규칙에 따라 놓았습니다. 규칙에 맞게 빈
   칸을 완성해 보세요.

ㄱ	ㄴ	ㄷ	ㄱ	ㄴ	ㄷ	ㄱ
ㄴ	ㄷ	ㄱ				

무늬에서 규칙 찾아보기

 무늬에서 규칙 찾아 그리기

1 모양을 보고 물음에 답하세요.

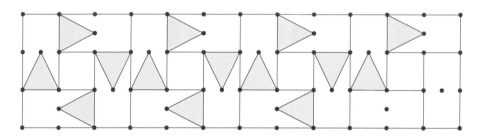

(1) 찾을 수 있는 규칙을 말해 보세요.

규칙 (▲ , ◹)를 시계 방향으로 돌려 가면서 그렸습니다.

(2) 빈칸에 알맞은 모양을 그리고 색칠해 보세요.

2 모양을 보고 물음에 답하세요.

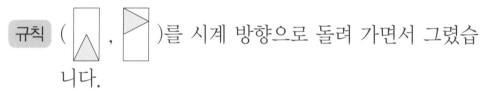

(1) 찾을 수 있는 규칙을 말해 보세요.

규칙 _____

(2) 빈칸에 알맞은 모양을 그려 보세요.

3 규칙을 찾아 빈칸에 알맞은 모양을 그려 보세요.

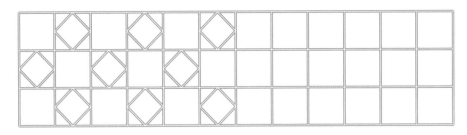

4 규칙을 찾아 빈칸에 알맞은 모양을 그리고 색칠해 보세요.

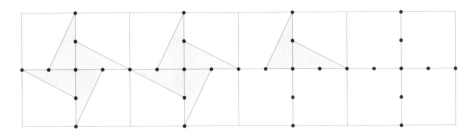

5 규칙을 찾아 네모 안에 ●을 알맞게 그려 보세요.

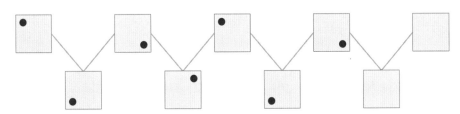

쌓은 모양에서 규칙 찾아보기

이름		
날짜	월	일
시간	: ~ :	

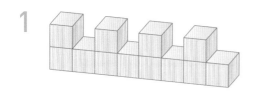 쌓기나무로 쌓은 모양에서 규칙 찾기 ①

다음과 같은 모양으로 쌓기나무를 쌓았습니다. 쌓은 규칙을 말해 보세요.

1

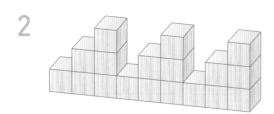

규칙 쌓기나무가 2층, ☐층이 반복됩니다.

2

규칙 쌓기나무가 1층, ☐층, ☐층이 반복됩니다.

3

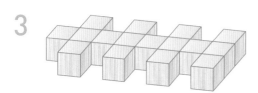

규칙 쌓기나무가 ☐개, ☐개가 반복됩니다.

4

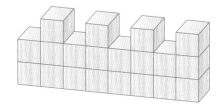

규칙 _____

5

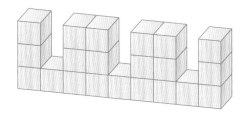

규칙 _____

6

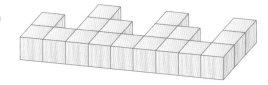

규칙 _____

이름	
날짜	월 일
시간	: ~ :

쌓은 모양에서 규칙 찾아보기

🐟 쌓기나무로 쌓은 모양에서 규칙 찾기 ②

🐚 규칙에 따라 쌓기나무를 쌓았습니다. 쌓은 규칙을 말해 보세요.

1

규칙 쌓기나무가 오른쪽에 ☐ 개씩 늘어납니다.

2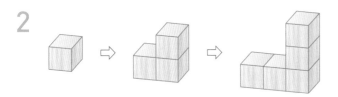

규칙 쌓기나무가 왼쪽에 I 개, 위쪽에 ☐ 개씩 늘어납니다.

3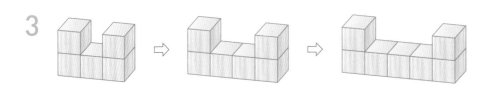

규칙 I층의 가운데 쌓기나무가 ☐ 개씩 늘어납니다.

4

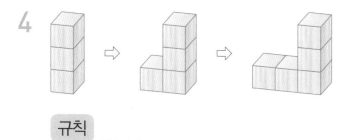

규칙 _____

5

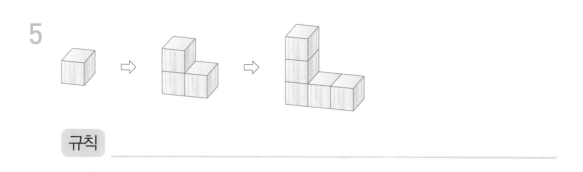

규칙 _____

6

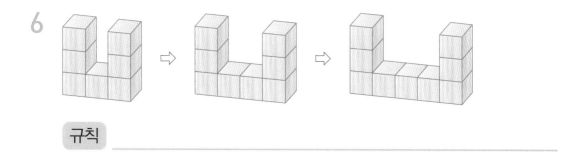

규칙 _____

쌓은 모양에서 규칙 찾아보기

이름

날짜　　　월　　　일

시간　　　:　～　:

🐟 다음에 이어질 모양에 쌓을 쌓기나무 개수 구하기

🐚 규칙에 따라 쌓기나무를 쌓았습니다. 다음에 이어질 모양에 쌓을 쌓기나무는 모두 몇 개인지 구해 보세요.

1

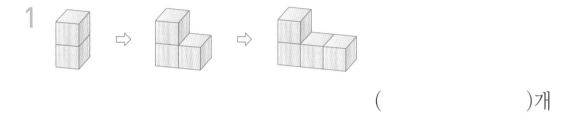

(　　　　　　　　)개

2

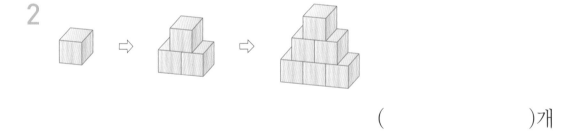

(　　　　　　　　)개

3

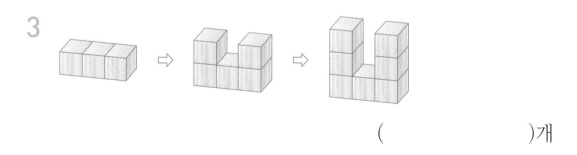

(　　　　　　　　)개

영역별 반복집중학습 프로그램
규칙성편

4

 ⇨  ⇨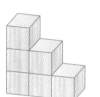

(   )개

5

 ⇨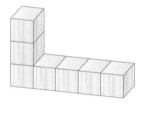

(   )개

6

 ⇨ ⇨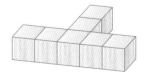

(   )개

생활에서 규칙 찾아보기

이름	
날짜	월 일
시간	: ~ :

🐟 생활에서 규칙 찾기 ①

🐚 전화기 숫자판의 수를 보고 규칙을 찾아보세요.

1 가로(→)로 ☐ 씩 커집니다.

2 세로(↓)로 ☐ 씩 커집니다.

3 ──으로 칠해진 수는 ╱ 방향으로 ☐ 씩 커집니다.

4 ──으로 칠해진 수는 ╲ 방향으로 ☐ 씩 커집니다.

🐚 달력을 보고 규칙을 찾아보세요.

일	월	화	수	목	금	토
			1	2	3	4
5	6	7	8	9	10	11
12	13	14	15	16	17	18
19	20	21	22	23	24	25
26	27	28	29	30	31	

5 모든 요일은 ☐일마다 반복됩니다.

6 가로(→)로 ☐씩 커집니다.

7 세로(↓)로 ☐씩 커집니다.

8 ── 으로 칠해진 수는 ╱ 방향으로 ☐씩 커집니다.

9 ── 으로 칠해진 수는 ╲ 방향으로 ☐씩 커집니다.

생활에서 규칙 찾아보기

생활에서 규칙 찾기 ②

1 시계를 보고 규칙을 찾아보세요.

(1) 시각이 □ 시간씩 지납니다.

(2) 다음에 올 시계가 가리키는 시각은 □ 시입니다.

2 규칙을 찾아 시곗바늘을 알맞게 그려 보세요.

3 규칙을 찾아 시곗바늘을 알맞게 그려 보세요.

4 어느 영화관의 의자 번호에서 규칙을 찾아보세요.

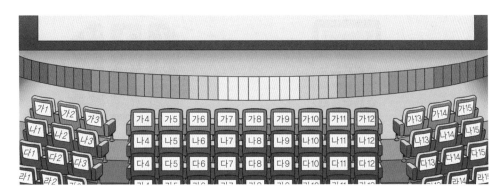

(1) 앞에서부터 가, ☐, ☐ ……와 같이 한글이 순서대로 적혀 있습니다.

(2) 각 열에서도 왼쪽에서부터 1, 2, ☐, ☐ ……와 같이 수가 순서대로 적혀 있습니다.

5 어느 공연상의 자리를 나타낸 그림입니다. 송이의 자리는 다열 다섯째입니다. 송이가 앉을 의자의 번호는 몇 번일까요?

( )번

생활에서 규칙 찾아보기

이름	
날짜	월 일
시간	: ~ :

🐟 생활에서 규칙 찾기 ③

1 계산기 숫자판의 수에 있는 규칙을 말해 보세요.

규칙 _____

2 승강기 숫자판의 수에서 찾을 수 있는 규칙을 말해 보세요.

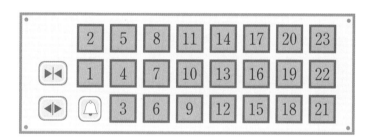

규칙 _____

3 차들이 다니는 도로에 있는 신호등이 다음과 같이 변하고 있습니다. 신호등에서 찾을 수 있는 규칙을 말해 보세요.

규칙 _____

영역별 반복집중학습 프로그램
규칙성편

4 복도에 있는 신발장입니다. 은솔이의 신발장 번호는 몇 번일
까요?

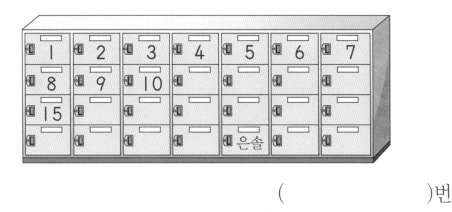

(   )번

5 단비의 자리는 36번입니다. 어느 열 몇째 자리일까요?

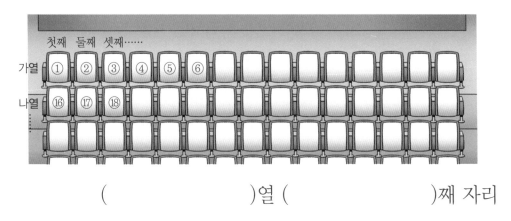

(   )열 (   )째 자리

다음 학습 연관표

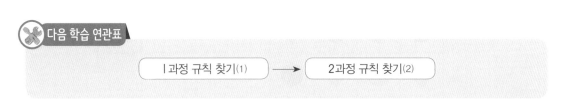

1과정 규칙 찾기(1) ⟶ 2과정 규칙 찾기(2)

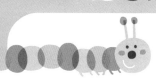

이름			
실시 연월일	년	월	일
걸린 시간		분	초
오답 수			/ 12

1 규칙을 바르게 말한 사람의 이름을 써 보세요.

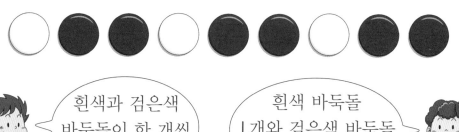

하늘: 흰색과 검은색 바둑돌이 한 개씩 반복돼.

보라: 흰색 바둑돌 1개와 검은색 바둑돌 2개가 반복돼.

(   )

2 규칙을 말하고 빈칸에 알맞은 수를 써넣으세요.

3	1	1	3	1	1			

▭ : 윷가락 배 쪽, ▨ : 윷가락 등 쪽

규칙 _____

3 규칙에 따라 빈칸에 알맞은 모양을 그리고 색칠해 보세요.

●	◆	●	◆		
◆	●	◆	●		

4 규칙에 따라 빈 곳에 알맞은 수를 써넣으세요.

(1) ②－⑤－②－⑤－②－⑤－◯－◯

(2) ③－⑥－⑨－③－⑥－⑨－◯－◯

5 규칙에 따라 빈 곳에 알맞은 수를 써넣으세요.

(1) ⑤－⑩－⑮－⑳－㉕－㉚－◯－◯

(2) ㊾－㊿－⑨⑦－⑨⑥－⑨⑤－⑨④－◯－◯

6 규칙에 따라 색칠해 보세요.

1	2	3	4	5	6	7	8	9	10
11	12	13	14	15	16	17	18	19	20
21	22	23	24	25	26	27	28	29	30

7 덧셈표에서 규칙을 찾아 빈칸에 알맞은 수를 써넣으세요.

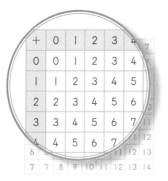

8 곱셈표에서 규칙을 찾아 빈칸에 알맞은 수를 써넣으세요.

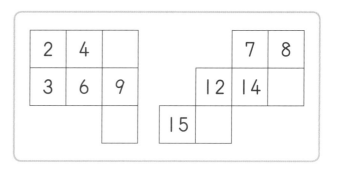

9 규칙을 찾아 ⬜ 안에 알맞은 모양을 그리고 색칠해 보세요.

10 규칙을 찾아 ☐ 안에 알맞은 모양을 그리고 색칠해 보세요.

11 규칙에 따라 쌓기나무를 쌓았습니다. 다음에 이어질 모양에 쌓을 쌓기나무는 모두 몇 개일까요?

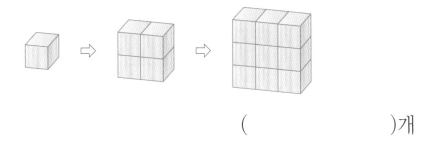

(   )개

12 방석의 무늬에서 찾을 수 있는 규칙을 말해 보세요.

규칙 _____

성취도 테스트 결과표

1과정 규칙 찾기(1)

번호	평가 요소	평가 내용	결과(O, X)	관련 내용
1	규칙을 찾아 말해 보기	바둑돌의 배열을 보고 규칙을 바르게 말한 사람을 찾아보는 문제입니다.		1a
2	규칙을 찾아 여러 가지 방법으로 나타내어 보기	윷가락의 배열을 보고 규칙을 찾아 말하고, 규칙을 수로 나타낼 수 있는지 확인해 보는 문제입니다.		6a
3	규칙을 만들어 무늬 꾸며 보기	규칙에 따라 빈칸에 알맞은 모양을 그리고 색칠할 수 있는지 확인해 보는 문제입니다.		12a
4	수 배열에서 규칙 찾아보기	수가 반복되는 규칙을 찾아 빈 곳에 알맞은 수를 쓸 수 있는지 확인해 보는 문제입니다.		14a
5		수가 커지거나 작아지는 규칙을 찾아 빈 곳에 알맞은 수를 쓸 수 있는지 확인해 보는 문제입니다.		14b
6	수 배열표에서 규칙 찾아보기	어떤 규칙으로 수가 색칠되어 있는지 찾아서 색칠해 보는 문제입니다.		19b
7	덧셈표에서 규칙 찾아보기	덧셈표에서 규칙을 찾아 빈칸에 알맞은 수를 쓸 수 있는지 확인해 보는 문제입니다.		24a
8	곱셈표에서 규칙 찾아보기	곱셈표에서 규칙을 찾아 빈칸에 알맞은 수를 쓸 수 있는지 확인해 보는 문제입니다.		28a
9	무늬에서 규칙 찾아보기	하나씩 늘어나는 규칙을 찾아, 알맞은 모양을 그리고 색칠할 수 있는지 확인해 보는 문제입니다.		31a
10		모양과 색깔이 모두 변하는 규칙을 찾아, 알맞은 모양을 그리고 색칠할 수 있는지 확인해 보는 문제입니다.		33a
11	쌓은 모양에서 규칙 찾아보기	쌓기나무로 쌓은 규칙을 찾아, 다음에 이어질 모양에 쌓을 쌓기나무의 개수를 구해 보는 문제입니다.		37a
12	생활에서 규칙 찾아보기	생활에서 쉽게 접하는 방석의 무늬에서 규칙을 찾아 말할 수 있는지 확인해 보는 문제입니다.		38a

평가 기준

평가	□ A등급(매우 잘함)	□ B등급(잘함)	□ C등급(보통)	□ D등급(부족함)
오답 수	0~1	2	3	4~

• A, B등급 : 다음 교재를 시작하세요.
• C등급 : 틀린 부분을 다시 한번 더 공부한 후, 다음 교재를 시작하세요.
• D등급 : 본 교재를 다시 구입하여 복습한 후, 다음 교재를 시작하세요.

1ab

1 △ 2 □ 에 ○표
3 노란색 4 🌹 에 ○표

2ab

1 나비 2 연필
3 초록색 4 축구공, 농구공
5 수박, 귤 6 파란색, 노란색

3ab

1 큰 🍭 에 ○표 2 🐯 에 ○표
3 🧢 에 ○표 4 큰 🌳 에 ○표
5 🎵 에 ○표 6 🌹 에 ○표

〈풀이〉

1 🍭 , 🍭 이 반복되는 규칙입니다.

4 🌳 , 🌳 , 🌳 가 반복되는 규칙입니다.

4ab

1 작은 ● 에 ○표 2 ♥
3 ➡ 4 ▲
5 작은 ▥ 에 ○표 6 ▲
7 ⬆ 8 ♣

5ab

1 ★ , ★ /
 예 큰 별, 작은 별이 반복됩니다.

---

2 🕒 , 🕘 /
 예 3시, 9시가 반복됩니다.

3 🚗 /
 예 빨간색, 노란색 자동차가 반복됩니다.

4 ☀ 🌙 /
 예 해, 달, 달이 반복됩니다.

5 ⬇ , ⬆ /
 예 ⬆ , ⬇ , ⬆ 가 반복됩니다.

6 👕 👕 /
 예 노란색, 노란색, 분홍색 옷이 반복됩니다.

6ab

1 닭, 사자 2 □, ○, □, ○
3 2, 4, 2, 4 4 1, 2
5 ○, ○, △, ○, ○, △
6 1, 1, 2, 1, 1, 2

7ab

1 ○, △, ○, △
2 ♡, ○, ♡, ○, ♡, ○
3 4, 2, 4, 2
4 □, □, ○
5 △, □, □, △, □, □
6 0, 5, 0, 0, 5, 0

〈풀이〉

1 🚲 , 🚶 이 반복되는 규칙입니다.

🚲 은 ○, 🚶 은 △로 나타냅니다.

3 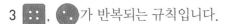 , 가 반복되는 규칙입니다.

는 4, 는 2로 나타냅니다.

8ab

1 (1) 예 세발자전거, 두발자전거가 반복
됩니다.
   (2) ㉠ 세발자전거 ㉡ 두발자전거
   (3) 5
2 6
3 (1) 예 고래, 거북, 거북이 반복됩니다.
   (2) ㉠ 거북 ㉡ 거북
   (3) 8
4 7

〈풀이〉

2 소, 새가 반복되는 규칙이므로 빈칸에 들어
갈 동물은 차례로 소, 새입니다.
따라서 빈칸에 들어갈 동물의 다리는 모두
6개입니다.

4 펼친 손가락이 4개, 4개, 3개가 반복되는
규칙이므로 빈칸에 들어갈 펼친 손가락은
차례로 4개, 3개입니다.
따라서 빈칸에 들어갈 펼친 손가락은 모두
7개입니다.

9ab

1 , / 1, 1, 2
2 ▲, ■ / 3, 3, 3
3 , / 3, 1, 3
4 (왼쪽에서부터) 쿵, 쿵, 짝 /
   예 쿵, 쿵, 짝이 반복됩니다.
5 짝, 짝, 쿵, 짝, 짝, 쿵 /
   예 짝, 짝, 쿵이 반복됩니다.

10ab

1 (1) 노란색
   (2)
2 (1) 주황색, 노란색
   (2)
3 (1) 보라색, 파란색
   (2)
4 (1) 초록색, 분홍색, 분홍색, 초록색
   (2)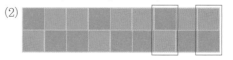

11ab

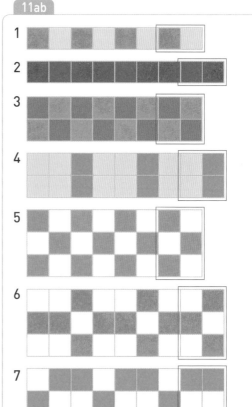

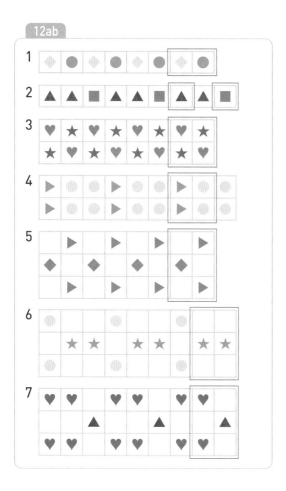

12ab

13ab

1 (1) 3   (2) 1   **2** (1) 2, 5   (2) 2
3 (1) 10   (2) 60   **4** (1) 2   (2) 2

15ab

1 5   **2** 3, 2
3 3, 7   **4** 2
5 10   **6** 5

16ab

1 1, 2   **2** 4, 2
3 1, 9   **4** 4, 5
5 15, 18   **6** 30, 35
7 4, 2   **8** 30, 20

〈풀이〉

1 1, 2가 반복되는 규칙입니다.

2 2, 4가 반복되는 규칙입니다.

3 1, 1, 9가 반복되는 규칙입니다.

4 4, 5, 5가 반복되는 규칙입니다.

5 3부터 시작하여 3씩 커지는 규칙입니다.

6 10부터 시작하여 5씩 커지는 규칙입니다.

7 12부터 시작하여 2씩 작아지는 규칙입니다.

8 60부터 시작하여 10씩 작아지는 규칙입니다.

17ab

1 10, 5, 10, 5, 10, 5, 10
2 1, 11, 1, 11, 1, 11, 1, 11
3 8, 4, 4, 8, 4, 4, 8, 4
4 5, 5, 10, 5, 5, 10, 5, 5, 10
5 4, 7, 10, 13, 16
6 50, 52, 54, 56, 58, 60
7 19, 18, 17, 16, 15
8 100, 90, 80, 70, 60, 50

18ab

1 60, 1

2 ⑩ 5부터 시작하여 95까지 10씩 커집니다.

3 91, 9

4 ⑩ 1부터 시작하여 100까지 11씩 커집니다.

19ab

1 2

2 3

3
11	12	13	14	15	16	17	18	19	20
21	22	23	24	25	26	27	28	29	30
31	32	33	34	35	36	37	38	39	40

4
31	32	33	34	35	36	37	38	39	40
41	42	43	44	45	46	47	48	49	50
51	52	53	54	55	56	57	58	59	60

5
71	72	73	74	75	76	77	78	79	80
81	82	83	84	85	86	87	88	89	90
91	92	93	94	95	96	97	98	99	100

〈풀이〉

3 11부터 시작하여 2씩 커지는 수에 색칠하는 규칙입니다.

4 32부터 시작하여 3씩 커지는 수에 색칠하는 규칙입니다.

5 71부터 시작하여 4씩 커지는 수에 색칠하는 규칙입니다.

20ab

1
21	22	23	24	25	26	27	28	29	30
31	32	33	34	35	36	37	38	39	40
41	42	43	44	45	46	47	48	49	50

⑩ 22부터 시작하여 2씩 커집니다.

2
61	62	63	64	65	66	67	68	69	70
71	72	73	74	75	76	77	78	79	80
81	82	83	84	85	86	87	88	89	90
91	92	93	94	95	96	97	98	99	100

⑩ 63부터 시작하여 3씩 커집니다.

3
51	52	53	54	55	56	57	58	59	60
61	62	63	64	65	66	67	68	69	70
71	72	73	74	75	76	77	78	79	80

⑩ 51부터 시작하여 3씩 커집니다.

4
11	12	13	14	15	16	17	18	19	20
21	22	23	24	25	26	27	28	29	30
31	32	33	34	35	36	37	38	39	40
41	42	43	44	45	46	47	48	49	50

⑩ 12부터 시작하여 4씩 커집니다.

21ab

1 1   **2** 1

3 같은에 ○표   **4** 2

22ab

1 (위에서부터) 10 / 10, 11 / 10, 11, 12

2 ⑩ 아래로 내려갈수록 1씩 커집니다.

3 ⑩ 오른쪽으로 갈수록 1씩 커집니다.

4 (위에서부터) 4, 5, 6 / 5, 6 / 6

5 ⑩ ╱ 방향으로 같은 수들이 있습니다.

6 ⑩ ╲ 방향으로 갈수록 2씩 커집니다.

23ab

1 (위에서부터) 8 / 8, 9 / 8, 9, 10 / 8, 9, 10, 11 /
⑩ 같은 줄에서 오른쪽으로 갈수록 1씩 커집니다.

2 (위에서부터) 2, 4, 6, 8 / 4, 6, 8 / 6, 8 / 8 /

㉠ 같은 줄에서 위로 올라갈수록 2씩 작아집니다.

3

+	3	4	5	6	7
2	5	6	7	8	9
3	6	7	8	9	10
4	7	8	9	10	11
5	8	9	10	11	12
6	9	10	11	12	13

㉠ 같은 줄에서 아래로 내려갈수록 1씩 커집니다.

4

+	2	4	6	8	10
2	4	6	8	10	12
4	6	8	10	12	14
6	8	10	12	14	16
8	10	12	14	16	18
10	12	14	16	18	20

㉠ 같은 줄에서 왼쪽으로 갈수록 2씩 작아집니다.

24ab

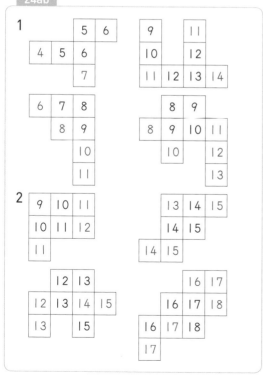

1

2

〈풀이〉

1~2 • 같은 줄에서 오른쪽으로 갈수록 1씩 커지는 규칙입니다.

• 같은 줄에서 아래로 내려갈수록 1씩 커지는 규칙입니다.

25ab

1 3   **2** 7   **3** 5, 0

4 같습니다에 ○표

26ab

1 (위에서부터) 4 / 5, 10 / 6, 12, 18

2 ㉠ 오른쪽으로 갈수록 2씩 커집니다.

3 ㉠ 아래로 내려갈수록 6씩 커집니다.

4~5

×	1	2	3	4	5	6
1	1	2	3	4	5	6
2	2	4	6	8	10	12
3	3	6	9	12	15	18
4	4	8	12	16	20	24
5	5	10	15	20	25	30
6	6	12	18	24	30	36

6 4, 짝수에 ○표

27ab

1 (위에서부터) 4, 6, 8 / 6, 9, 8 /
㉠ 4에서 25까지 ＼ 방향으로 곧은 선을 그은 후 선을 따라 접으면 만나는 수들은 서로 같습니다.

2 (위에서부터) 27 / 35, 45 / 35, 49, 63 / 27, 45, 63, 81
㉠ 곱셈표에 있는 수들은 모두 홀수입니다.

3

×	2	4	6	8
2	4	8	12	16
4	8	16	24	32
6	12	24	36	48
8	16	32	48	64

예 곱셈표에 있는 수들은 모두 짝수입니다.

4

×	3	4	5	6	7
3	9	12	15	18	21
4	12	16	20	24	28
5	15	20	25	30	35
6	18	24	30	36	42
7	21	28	35	42	49

예 9에서 49까지 ↘ 방향으로 곧은 선을 그은 후 선을 따라 접으면 만나는 수들은 서로 같습니다.

28ab

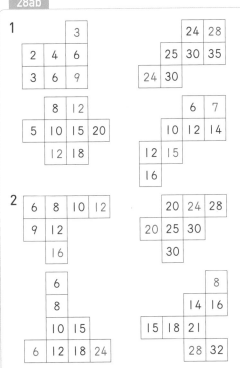

〈풀이〉

1~2 • 각 단의 수는 오른쪽으로 갈수록 단의 수만큼 커지는 규칙입니다.
• 각 단의 수는 아래로 내려갈수록 단의 수만큼 커지는 규칙입니다.

29ab

1 (1) 노란색
 (2)
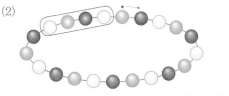

2 (1) 예 빨간색, 노란색, 초록색이 반복됩니다.
 (2)
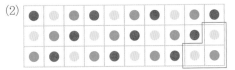

3
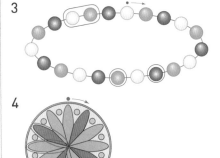

4

5

〈풀이〉

3 노란색, 초록색, 보라색 구슬이 반복되는 규칙입니다.

4 파란색, 빨간색, 초록색이 반복되는 규칙입니다.

5 초록색, 파란색, 빨간색이 반복되는 규칙입니다.

30ab

1 (1) ■   (2) ●, ▲, ■

2 (1) 예 ■, ▲, ●가 반복됩니다.

　(2) ■, ▲, ●, ■, ▲, ●

3 ●

4 ◆

5 ●, ■, ▲

6 ▼, ♥, ◆, ▼, ♥, ◆

〈풀이〉

1~2 '╱ 방향으로 똑같은 모양이 반복됩니다.'라고도 말할 수 있습니다.

3 ▲, ■, ●가 반복되는 규칙입니다.

4 ♥, ◆, ▼가 반복되는 규칙입니다.

5 ●, ■, ▲가 반복되는 규칙입니다.

6 ▼, ♥, ◆가 반복되는 규칙입니다.

31ab

1 (1) ▲   (2) ■, ▲

2 (1) 파란색, 빨간색

　(2)

3 ▲▲▲▲▲
　▲▲▲▲▲▲

4 ●, ●

5 ●, ■

6

〈풀이〉

3 ▲가 2개씩 늘어나는 규칙입니다.

---

4 ●, ●가 반복되고, ●, ●의 수가 모두 하나씩 커지는 규칙입니다.

5 ●, ■가 반복되고, ●의 수가 하나씩 커지는 규칙입니다.

6 빨간색과 파란색 구슬이 반복되고, 파란색 구슬의 수가 하나씩 커지는 규칙입니다.

32ab

1

1	2	3	1	2	3	1
2	3	1	2	3	1	2
3	1	2	3	1	2	3
1	2	3	1	2	3	1

2 2, 3

3 나비, 벌

4

ㄱ	ㄴ	ㄷ	ㄱ	ㄴ	ㄷ	ㄱ
ㄴ	ㄷ	ㄱ	ㄴ	ㄷ	ㄱ	ㄴ
ㄷ	ㄱ	ㄴ	ㄷ	ㄱ	ㄴ	ㄷ
ㄱ	ㄴ	ㄷ	ㄱ	ㄴ	ㄷ	ㄱ

ㄴ, ㄷ / ★, ★

5

1	2	1	3	1	2	1
3	1	2	1	3	1	2
1	3	1	2	1	3	1
2	1	3	1	2	1	3

예 1, 2, 1, 3이 반복됩니다. /
　■, ●, ■, ▲가 반복됩니다.

〈풀이〉

2 '╱ 방향으로 똑같은 숫자가 반복됩니다.'라고도 말할 수 있습니다.

3 '╱ 방향으로 똑같은 그림이 반복됩니다.'라고도 말할 수 있습니다.

4 '╱ 방향으로 똑같은 자음(색깔)이 반복됩니다.'라고도 말할 수 있습니다.

5 '╲ 방향으로 똑같은 숫자(모양)가 반복됩니다.'라고도 말할 수 있습니다.

33ab

1 (1) △, 빨간색

　(2) ■, ▲

2 (1) (예) □, ○, □가 반복되고, 빨간색과
　파란색이 반복됩니다.

　(2) ●, ■, ■, ●, ■

3 ●, ▲

4 ◆, ●

5

6

〈풀이〉

3 △, □, ○가 반복되고, 초록색과 보라색이
반복되는 규칙입니다.

4 ○, ○, ◇가 반복되고, 주황색과 노란색이
반복되는 규칙입니다.

5 □, △, △가 반복되고, 파란색과 빨간색이
반복되는 규칙입니다.

6 ㄱ, ㄴ, ㄷ이 반복되고, 흰색과 회색이 반
복되는 규칙입니다.

34ab

1 (1) △에 ○표

　(2)

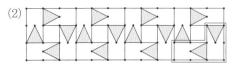

2 (1) (예) ⌐ 를 시계 방향으로 돌려 가면
서 그렸습니다.

---

(2)

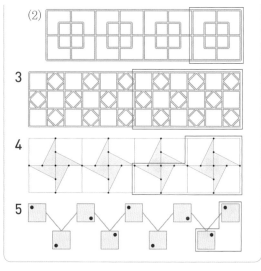

3

4

5

〈풀이〉

1 '△를 시계 반대 방향으로 돌려 가면서 그
렸습니다.', '▲◁◁ 를 반복하며 놓았습
니다.'라고도 말할 수 있습니다.

2 '⌐ 를 시계 반대 방향으로 돌려 가면서
그렸습니다.', '田 를 반복하며 놓았
습니다.'라고도 말할 수 있습니다.

35ab

1 1　　　　**2** 2, 3　　　**3** 1, 3
4 (예) 쌓기나무가 2층, 3층이 반복됩니다.
5 (예) 쌓기나무가 3층, 1층, 3층이 반복됩
니다.
6 (예) 쌓기나무가 2개, 1개, 3개가 반복됩
니다.

〈풀이〉

3 'ㅓ자 모양이 반복됩니다.'라고도 말할 수
있습니다.

36ab

1 1   **2** 1   **3** 1

4 ⑩ 쌓기나무가 왼쪽에 1개씩 늘어납니다.

5 ⑩ 쌓기나무가 오른쪽에 1개, 위쪽에 1개씩 늘어납니다.

6 ⑩ 1층의 가운데 쌓기나무가 1개씩 늘어납니다.

37ab

1 5	**2** 10	**3** 9
4 10	**5** 10	**6** 10

〈풀이〉

※ 다음에 이어질 모양에 쌓을 쌓기나무는 각각 다음과 같습니다.

1

2

3

4

5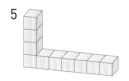

6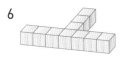

38ab

1 1	**2** 3	**3** 2
4 4	**5** 7	**6** 1
7 7	**8** 6	**9** 8

〈풀이〉

3 ——으로 칠해진 수는 3, 5, 7이므로 ╱ 방향으로 2씩 커집니다.

4 ——으로 칠해진 수는 1, 5, 9이므로 ╲ 방향으로 4씩 커집니다.

8 ——으로 칠해진 수는 3, 9, 15, 21, 27이므로 ╱ 방향으로 6씩 커집니다.

9 ——으로 칠해진 수는 1, 9, 17, 25이므로 ╲ 방향으로 8씩 커집니다.

39ab

1 (1) 1   (2) 5

2

3

4 (1) 나, 다   (2) 3, 4

5 25

〈풀이〉

2 시각이 30분씩 지나는 규칙이므로 마지막 시계는 8시입니다.

3 시각이 2시간씩 지나는 규칙이므로 마지막 시계는 9시입니다.

5 아래로 내려갈수록 의자의 번호는 10씩 커지는 규칙입니다.
나열 다섯째 자리 의자의 번호:
5+10=15(번)
다열 다섯째 자리 의자의 번호:
15+10=25(번)

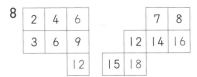

40ab

1 예 위로 올라갈수록 3씩 커집니다.

2 예 오른쪽으로 갈수록 3씩 커집니다.

3 예 신호등은 초록색, 노란색, 빨간색의 순서로 등의 색깔이 바뀝니다.

4 26

5 다, 여섯

〈풀이〉

4 아래로 내려갈수록 신발장 번호는 7씩 커지는 규칙이므로, 은솔이의 신발장 번호는 5+7+7+7=26(번)입니다.

5 오른쪽으로 갈수록 1씩 커지고, 아래로 내려갈수록 15씩 커지는 규칙입니다. 따라서 다열 첫째 자리부터 31, 32, 33, 34, 35, 36이므로 단비의 자리는 다열 여섯째 자리입니다.

성취도 테스트

1 보라

2 3, 1, 1 / 예 윷가락 배 쪽이 3개, 1개, 1개가 반복됩니다.

3

●	◆	●	◆	●	◆	●	◆
◆	●	◆	●	◆	●	◆	●

4 (1) 2, 5 (2) 3, 6

5 (1) 35, 40 (2) 93, 92

6

1	2	3	4	5	6	7	8	9	10
11	12	13	14	15	16	17	18	19	20
21	22	23	24	**25**	26	27	**28**	29	30

7

		5		9	10	11
	4	5	6		11	12
	5	6	7		13	14

8

2	4	6			7	8
3	6	9		12	14	16
	12			15	18	

9 ●, ●

10 ●, ■

11 16

12 예 같은 줄에는 같은 색의 무늬가 있습니다.

〈풀이〉

4 (1) 2, 5가 반복되는 규칙입니다.

(2) 3, 6, 9가 반복되는 규칙입니다.

5 (1) 5부터 시작하여 5씩 커지는 규칙입니다.

(2) 99부터 시작하여 1씩 작아지는 규칙입니다.

6 1부터 시작하여 3씩 커지는 수에 색칠하는 규칙입니다.

7 • 같은 줄에서 오른쪽으로 갈수록 1씩 커지는 규칙입니다.

• 같은 줄에서 아래로 내려갈수록 1씩 커지는 규칙입니다.

8 • 각 단의 수는 오른쪽으로 갈수록 단의 수만큼 커지는 규칙입니다.

• 각 단의 수는 아래로 내려갈수록 단의 수만큼 커지는 규칙입니다.

9 ●, ●가 반복되고, ●의 수가 하나씩 커지는 규칙입니다.

10 ○, □, △가 반복되고, 빨간색과 파란색이 반복되는 규칙입니다.

11 다음에 이어질 모양에 쌓을 쌓기나무는

입니다.

12 '■, ●, ▲가 반복됩니다.', '빨간색, 파란색, 초록색이 반복됩니다.'라고도 말할 수 있습니다.